中华人民共和国住房和城乡建设部

既有居住建筑节能改造指南

中国建筑工业出版社

图书在版编目（CIP）数据

既有居住建筑节能改造指南/中华人民共和国住房和城乡建设部. —北京：中国建筑工业出版社，2012.3
ISBN 978-7-112-14110-4

Ⅰ.①既… Ⅱ.①中… Ⅲ.①建筑热工-节能-技术-改造-指南 Ⅳ.①TU111.4-62

中国版本图书馆 CIP 数据核字（2012）第 039511 号

责任编辑：向建国　李　阳
责任设计：赵明霞
责任校对：党　蕾　赵　颖

中华人民共和国住房和城乡建设部
既有居住建筑节能改造指南
*
中国建筑工业出版社出版、发行（北京西郊百万庄）
各地新华书店、建筑书店经销
北京红光制版公司制版
化学工业出版社印刷厂印刷
*
开本：850×1168 毫米　1/32　印张：2　字数：54 千字
2012 年 3 月第一版　2012 年 3 月第一次印刷
定价：**10.00** 元
ISBN 978-7-112-14110-4
（22150）

版权所有　翻印必究
如有印装质量问题，可寄本社退换
（邮政编码 100037）

关于印发既有居住建筑节能改造指南的通知

建办科函 [2012] 75 号

各省、自治区住房城乡建设厅，直辖市建委（建交委），新疆生产建设兵团建设局：

为借鉴国外既有建筑节能改造经验，完善我国既有建筑节能改造工作，我部与德国政府自 2005 年至 2011 年共同组织实施了中德技术合作"中国既有建筑节能改造项目"，先后在唐山、北京、乌鲁木齐和太原等城市对 28 栋约 10 万平方米既有居住建筑进行了综合节能改造示范。改造后的居住建筑室内热舒适性明显提高，采暖能耗明显降低。为我国北方采暖地区既有居住建筑节能改造在技术、管理等方面积累了有益的经验。

既有建筑节能改造与新建建筑节能工作有很大不同。改造通常都是在建筑正常使用的情况下开展的，涉及居民家庭、房屋产权单位、供热单位等多个主体，在改造的实施过程中需要得到居民的理解、支持和配合，具有许多特殊性。在全面总结示范工程经验的基础上，结合国内开展既有居住建筑节能改造的实际，我部组织编写了《既有居住建筑节能改造指南》，现印发给你们，供工作中参考。

附件：既有居住建筑节能改造指南

中华人民共和国住房和城乡建设部办公厅
二〇一二年一月二十九日

前　言

我国城镇既有居住建筑量大面广。据不完全统计，仅北方采暖地区城镇既有居住建筑就有大约 35 亿 m^2 需要和值得节能改造。这些建筑已经建成使用 20 年~30 年，能耗高，居住舒适度差，许多建筑在采暖季室内温度不足 10℃，同时存在结露霉变、建筑物破损等现象，与我国全面建设小康社会的目标很不相应。

建筑节能是国家节能减排工作的重要组成部分。既有建筑节能改造，特别是严寒和寒冷地区（也称北方采暖地区）既有居住建筑的节能改造，是当前和今后一段时期建筑节能工作的重要内容，对于节约能源、改善室内热环境、减少温室气体排放、促进住房城乡建设领域发展方式转变与经济社会可持续发展，具有十分重要的意义。

为了推动中国既有建筑节能改造，中德两国政府于 2005 年至 2011 年合作实施了中德技术合作中国既有建筑节能改造项目，在北方采暖地区开展既有居住建筑节能改造示范工程、能力建设、产业合作、技术与政策研究等方面的合作。在唐山、北京、乌鲁木齐和太原市对 28 栋约 10 万 m^2 既有居住建筑实施了供热计量与建筑节能综合节能改造示范工程；在乌鲁木齐、唐山、天津和鹤壁市对约 3 万栋近 2 亿 m^2 的既有居住建筑进行了基本情况调查，并制定了相应的建筑节能改造方案；为建筑节能管理条例、既有居住建筑节能改造技术规程和建筑外保温防火技术标准提供了咨询；对唐山、哈尔滨等 6 个城市的 10 个节能改造项目进行了评估并提出了改进建议；组织了 15 批近 200 名行业管理与技术人员赴欧洲考察培训，学习了解了欧洲的建筑节能政策、工作经验和新技术新产品；在北方 15 个省、自治区、直辖市开展了既有居住建筑节能改造巡回宣讲活动。这些工作为推动我国开展大规模既有居住建筑节能改造进行了有益探索，积累了经验，提升了能力。

既有居住建筑节能改造涉及居民家庭、房屋产权单位、供热单位等多个主体，特别是在改造的实施过程中需要得到居民的理解、支持和配合，具有许多特殊性。为此，中德双方组织专家，在总结示范工程经验的基础上，结合国内开展既有居住建筑节能改造的实际，编写了《既有居住建筑节能改造指南》（以下简称《指南》）。《指南》从既有建筑节能改造基本情况调查、居民工作、节能改造设计、节能改造项目费用、节能改造施工、施工质量控制与验收等7个方面，阐述了综合节能改造前期准备工作的要点，介绍了居民工作的方式方法，提出了节能改造质量保证的措施建议。本指南可作为北方采暖地区既有居住建筑节能改造的工作手册，也可供夏热冬冷地区、夏热冬暖地区既有居住建筑节能改造以及既有公共建筑节能改造时参考。

希望各级住房城乡建设部门和从事建筑节能工作的管理人员和不同专业的技术人员，结合工作实践，创造性地贯彻并进一步完善《指南》，为我国实现经济社会的可持续发展作出贡献。

目 录

第一章 总则 …………………………………………… 1
第二章 基本情况调查 ………………………………… 3
第三章 居民工作 ……………………………………… 5
第四章 节能改造设计 ………………………………… 9
第五章 节能改造项目费用 …………………………… 13
第六章 节能改造施工 ………………………………… 14
第七章 施工质量控制与验收 ………………………… 17

附录：
一、建筑物现状及居民信息调查表 ………………… 20
二、节能改造费用新增科目及建安工程费预
　　（结）算编制内容 ……………………………… 37
三、粘贴聚苯板薄抹灰外墙节能改造工程
　　质量验收办法 …………………………………… 39
四、既有建筑节能改造示范工程预算表
　　（以唐山市为例，2006年参考价格）………… 41

相关政策文件：
一、财政部关于印发《北方采暖地区既有居住建筑
　　供热计量及节能改造奖励资金管理暂行办法》
　　的通知（财建〔2007〕957号）……………… 49
二、财政部　住房城乡建设部关于进一步深入开展
　　北方采暖地区既有居住建筑供热计量及节能
　　改造工作的通知（财建〔2011〕12号）……… 53

第一章 总　则

1. 既有居住建筑节能改造通常是指我国严寒和寒冷地区未执行《民用建筑节能设计标准（采暖居住建筑部分）》建设，并已投入使用的采暖居住建筑，通过对其外围护结构、供热采暖系统及其辅助设施进行供热计量与节能改造，使其达到现行建筑节能标准的活动（以下简称"节能改造"）。节能改造的主要内容有：

（1）外墙、屋面、外门窗等围护结构的保温改造；

（2）采暖系统分户供热计量及分室温度调控的改造；

（3）热源（锅炉房或热力站）和供热管网的节能改造；

（4）涉及建筑物修缮、功能改善和采用可再生能源等的综合节能改造。

节能改造的实施步骤主要包括：基本情况调查、居民工作、节能改造设计、节能改造项目费用编制、节能改造施工、工程质量验收和节能改造效果评估等。

2. 节能改造应遵循"以人为本、安全可靠、实用经济、适度超前"的原则，并符合《中华人民共和国节约能源法》、《民用建筑节能条例》等法律法规和建筑节能标准规范及有关规定。

3. 节能改造涉及居民家庭、房屋产权单位、供热单位等多个主体，应成立地方政府主要领导挂帅、建设行政主管部门牵头、有关部门共同参与的"节能改造领导小组"。领导小组负责审批本行政区域范围内既有居住建筑节能改造规划，把节能改造规划纳入当地经济社会发展总体规划，安排落实节能改造预算，决定节能改造工作中的重大事项。领导小组下设办公室，负责组织编制节能改造规划，监督管理节能改造的实施，协调相关职能部门及供热、供电、供气、供水和电视通信等主管部门配合节能改造工作,解决可能出现的问题。

4. 节能改造的资金应由居民家庭、供热单位、房屋原产权单位等有关各方共同承担。鼓励社会资金以合同能源管理模式投资节能改造。鼓励探索利用清洁发展机制和碳交易开辟融资渠道。按照财政部《北方采暖地区既有居住建筑供热计量及节能改造奖励资金管理暂行办法》(财建〔2007〕957号),可以向中央和各级地方财政申请供热计量和节能改造奖励资金。

5. 提倡综合节能改造。建筑物的围护结构节能改造须与供热计量改造同时进行,节能改造应与建筑物修缮、小区环境整治和改善城市景观相结合。应以独立锅炉房或换热站为单位成片实施改造,通过供热计量和温度调节控制,使建筑节能效果真正反馈到热源端,以取得最大的节能减排效果。

6. 结合节能改造项目实际情况,确定节能改造工程完成后的维护管理主体责任,维护资金的来源等。

第二章 基本情况调查

7. 为了科学编制节能改造规划，应认真开展既有居住建筑基本情况调查。基本情况调查是制定有针对性的改造方案，分析改造成本，计算节能减排潜力，并提出相关实施改造的有关建议的重要依据。

既有居住建筑基本情况调查工作牵涉面广，工作量大，繁琐而细致，需要建立有效的工作机制。可在"节能改造工作领导小组办公室"下面成立"既有居住建筑基本情况调查工作组"。

8. 调查包括普查和典型建筑重点调查。普查是为了查清既有居住建筑的现状，获得包括建筑物名称、地址、竣工日期、建筑面积、楼层数、结构形式、墙体材料和供热采暖方式等基本信息（见附录一表1《既有居住建筑普查表》）。通过建立数据库，统计既有居住建筑总量，并按行政区划、建设年代、结构形式、墙体材料、楼层数等进行分类。

从每一类建筑中选取最有代表性的3栋～5栋典型建筑开展重点调查（见附录一表2《建筑物现状调查表》）。

9. 典型建筑重点调查内容包括建筑物各主要部位的几何尺寸、主要窗户类型、围护结构状况、室内采暖系统状况等详细数据，用于采暖能耗计算和制定改造方案，测算节能减排潜力和改造费用，并推算出本地区既有居住建筑的节能减排总量和投资总需求，提出节能改造的指导性意见。

10. 既有居住建筑是在不同年代建成的，使用过程中存在不同程度的损伤，建筑物表面有各种附着物，与新建建筑有很大差别。为了"量身定做"工程设计方案，准确编制工程预算，建设单位、设计单位和施工单位必须对节能改造项目进行建筑物室内外状况及环境的详细调查（见附录一表2《建筑物现状调查表》)。

建筑物的详细调查主要包括：建筑物的结构安全分析，主要是阳台、屋顶楼板的荷重能力分析以及地基承重能力分析；对既有建筑围护结构的热工性能、建筑能耗、室内环境质量等进行分析；建筑附着物调查，如墙面各类管线、居民自行搭建物、空调外机、窗户护栏和屋面太阳能热水器等；建筑物内部情况调查，如单元门、楼梯间、地下室等；居民家中装修情况，特别需要注意涉及改造的部分，如暖气罩、窗套、窗台板等，最好采取照相存档，供发生纠纷时备查。

在进行详细调查时要尽量利用历史数据和设计资料、尽量控制检测费用、尽量减少对建筑物的破坏和尽量减少扰民。

第三章 居民工作

11. 节能改造通常是在居民居住的情况下进行的，施工过程会影响居民的正常生活和出行。同时，节能改造也需要居民参与并承担一定费用。建设单位必须高度重视并认真组织做好居民工作。应充分调动居民积极性，引导居民支持和配合节能改造的实施，并养成良好的节能习惯。居民工作要深入细致、充满爱心。

12. 居民工作主要包括：调查居民信息，了解居民需求，开展节能改造宣传；邀请居民参与讨论节能改造方案；签署改造协议并收取改造费用；协调处理施工中出现的问题；指导居民正确使用节能设施等。

13. 居民信息调查可与既有居住建筑基本情况调查一起进行（见附录一表3《居民信息调查表》）。

（1）调查内容

——家庭状况，包括人口数量、年龄、经济状况、联系方式等；

——健康情况，主要调查有严重心、脑血管疾病的居民，动员家属做好预防措施；

——房屋产权归属；

——室内状况，如采暖季室内温度，有无结露霉变、透风、渗漏等；

——节能改造意愿。

（2）调查步骤

——成立调查小组，对调查人员进行培训，使每一位调查人员认识到居民信息调查的重要性，充分理解和掌握所要调查的内容。调查员同时也是节能改造的宣传员，应熟悉宣传内容。

——编制调查表格，制定工作计划。

——张贴调查公告，向居民发放调查通知。

——调查人员应佩戴工作证，在居委会或物业的配合下，开展调查。第一次没有调查到的居民，应单独约定时间，尽快进行调查。

（3）居民信息调查结束后，应对调查结果分析汇总和存档，作为设计施工的依据。对于可能影响施工的居民情况列出清单并提出应对措施：

——不支持节能改造的居民及主要原因；

——经济条件较差的居民；

——施工噪声等可能诱发疾病的居民；

——家庭装修与节能改造施工有矛盾的情况；

——其他可能影响施工的情况。

14. 节能改造宣传应贯穿节能改造工作的全过程。首先开展对居委会和居民代表的宣传，并利用宣传栏、宣传册和实物展示（如门窗和散热器样品）等方式，使节能改造的内容和意义家喻户晓。有条件情况下可组织居民参观已完成节能改造的建筑或样板间，让居民亲身感受节能改造的好处，起到事半功倍的效果。改造过程中，可设立咨询台为居民释疑解惑。改造后应发放使用说明书，指导居民正确使用节能设施，形成良好的节能习惯。

15. 建设单位应与每户居民签署节能改造协议，明确约定双方在节能改造工作中的权利和义务。

（1）协议内容主要包括：

——节能改造项目和内容，包括门窗、外墙、屋面、供暖系统等；

——收费项目和收费标准；

——工期和施工时间；

——建设单位和居民的权利义务；

——违章建筑和外墙附着物拆除项目；

——其他事项。

（2）协议签署的工作流程

——根据收费标准，计算每户应缴费用，将明细填入协议书；

——经授权的工作人员代表建设单位与居民签署改造协议；

——签署改造协议的居民应是房屋户主且具有完全民事行为能力。特殊情况下，可由户主委托其直系亲属或授权代理人签署改造协议。

根据欧洲的既有建筑节能改造经验，已列入当地既有居住建筑节能改造规划和实施计划的建筑物，有75%以上的业主同意，即可组织实施节能改造。

16. 节能改造施工期间对施工单位的要求

（1）节能改造施工现场树立宣传和告示栏。向居民介绍节能改造的内容和效果，公示施工单位名称、项目经理姓名、联系电话。

（2）科学组织施工。对同一户进行的各项施工，应尽可能安排在一起，争取一次入户完成所有施工项目。应提前一周，张贴公告告知居民入户改造内容和时间。施工前一日，应由专人向居民发放告知书并确认。

（3）入户施工期间应与居民进行沟通和协调。坚持"早预防、早发现、早解决"的原则，做到事前有预案、处理有程序、工作有备案。安排专人及时处理发生的问题，以减少居民损失，避免耽误工期。

（4）应对居民家中采取必要的防护措施，文明施工，及时清理施工现场，人走场清。

17. 节能改造工程结束后，应向居民发放使用手册，指导居民正确使用、维护和保养节能设施。提醒居民注意：

——要养成随手关闭单元门的习惯。

——要正确使用恒温控制阀调节室内温度，不要遮盖散热器、热计量装置和自动恒温控制阀。

——要保护定型窗台，不要在上面踩踏或放置重物。

——要注意处理好安装空调和防盗护栏时留下的孔洞，不要用硬物撞击外墙,防止墙面破损。

——要保护屋面保温系统,不要在屋面放置重物;要请专业施工人员安装太阳能热水器,不要让非工作人员随意上屋面。

——要采取有效防火措施,不要让钻孔作业损坏保温系统。

第四章 节能改造设计

18. 设计单位应根据建筑物详细调查结果，结合当地气候条件，制定经济合理、有利于节能和气候保护的综合节能改造方案，并进行节能改造专项设计。设计目标是在保证室内热舒适性的前提下，建筑物采暖能耗应满足当地现行居住建筑节能设计标准要求并适度超前。

19. 基本要求

（1）对围护结构进行节能改造时，应对原建筑结构进行复核、验算。当阳台等局部结构安全不能满足节能改造要求时，应采取结构加固措施。屋面荷载不能满足节能改造要求时，应采取安全卸载措施。

（2）供热计量改造应与建筑围护结构节能改造同步实施，实现分室温度调控，分户供热计量。

（3）节能改造后，围护结构各部位的传热系数应满足当地建筑节能设计标准限值。当围护结构某部位传热系数难以达到设计标准的限值时，应提高其他部位保温性能，确保围护结构平均传热系数满足当地标准的要求。

（4）除某些需要保护的历史文物建筑外，既有建筑节能改造应优先选择采用外墙外保温做法。

（5）外墙外保温系统设计应按照公安部、住房城乡建设部关于民用建筑外保温系统防火的有关规定，采取相应的防火构造措施，确保防火安全。

（6）楼宇单元入口应采用有保温、带亮窗的自闭式单元门，并宜加设门斗。

（7）节能改造措施不应变动主体结构，不应破坏户内的防水，以免影响安全性。

(8) 合理安排太阳能热水器和管线的安装位置。

20. 外墙/封闭阳台节能改造的设计要点

(1) 应根据原有墙体材料、构造、厚度、饰面做法及剥蚀程度等情况，按照现行建筑节能标准的要求，确定外墙保温构造做法和保温层厚度。

(2) 外保温系统宜优先采用聚苯板（EPS）薄抹灰系统。保温层与原基层墙体应采用粘锚结合（粘结为主、锚固为辅）的连接方式，并根据墙体基面粘结力的实测结果计算确定粘结面积和锚栓数量，以确保安全可靠。

(3) 为减少热桥影响，应优先采用断桥锚栓。

(4) 首层外保温应采用双层网格布加强做法，防止外力撞击引起破坏。

(5) 墙面保温层勒脚部位应采取可靠的防水及防潮措施。当首层地平与室外地平有一定高差时，可以从散水以上 5cm～10cm 始做保温并宜采用金属托架。

(6) 外墙外露（出挑）构件及附墙部件应有防止和减少热桥的保温措施，其内表面温度不应低于室内空气露点温度。

(7) 外保温与外窗的结合部位应有可靠的保温及防水构造。宜采用外窗台板、滴水鹰嘴等专用配件。关键节点部位应采用膨胀密封条止水。

(8) 应对原设计为开放式的阳台做结构安全评估，必要时进行加固。与室外空气接触的阳台栏板、顶板、底板部位传热系数要求应与外墙主体部位一致。

(9) 外墙管线、空调外机、防盗窗等附着物及各种孔洞应有专项节点设计，燃气热水器的排气孔还应有防火设计。

(10) 墙面设置的雨落管出水口应加做弯头，将雨水引开墙基。

21. 外窗节能改造的设计要点

(1) 外窗应采用内平开窗，以提高气密性和保温性能，同时改善隔声和防尘效果。

（2）楼梯间等公共部位外窗如通行间距不能满足安全要求，在权衡判断满足节能要求后可采用悬开窗或推拉窗。

（3）外窗宜与结构墙体外基面平齐安装，以减少热桥影响。如难以实现也可采取居中安装方式，但窗口外侧四周墙面应进行完好的保温处理。

（4）外窗框与窗洞口的结构缝，应采用发泡聚氨酯等高效保温材料填堵，不得采用普通水泥砂浆补缝。

（5）外窗框与保温层之间，及其他洞口与保温层之间的缝隙应采用膨胀密封条止水后，再用耐候密封胶封闭，以防止雨水进入保温层。

22．屋面节能改造的设计要点

（1）原屋面保温层采用的焦渣等松散材料或水泥珍珠岩、加气混凝土等多孔材料，含水率对荷载和保温效果影响较大时，应清除原有保温层及防水层，重新铺设新做屋面。保温层宜采用挤塑聚苯板（XPS）等吸水率低、防水性能好的保温材料。

（2）当原屋面防水层完好，使用年限不长，承载能力满足安全要求时，可直接在原防水层上加铺保温层。

（3）当新做屋面时，可采用倒置式或传统的正置式屋面做法，也可采用保温防水一体化的聚氨酯屋面做法。当采用正置式屋面做法时，应在屋面板上加铺隔汽层。

（4）屋面避雷设施、天线、烟道、天沟等附属设施应进行专项节点设计。上人孔应作保温和密封设计。

（5）屋面与女儿墙或挑檐板的保温应连成一体，屋面热桥部位应做保温处理，烟道口的保温应采用岩棉等不燃材料。

（6）女儿墙做完保温后，应用带滴水鹰嘴的金属压顶板保护。

23．采暖与非采暖空间的隔墙、地下室顶板节能改造的设计要点

（1）对既有建筑楼梯间隔墙进行保温处理，会挤占消防通道，施工难度大，在完整做好外墙外保温的情况下，不推荐对楼

梯间隔墙进行保温处理。

（2）不采暖地下室顶板可采用粘贴聚苯板加抹无机砂浆（或粉刷石膏）做法，并沿外墙内侧向下延伸至当地冰冻线以下或地下室地面。

24. 供热采暖系统计量与节能改造的设计要点

（1）应根据节能改造方案，核算采暖房间的热负荷。

（2）当原有室内采暖系统为单管顺流式时，宜改为垂直单管跨越或垂直双管两种形式，并加装平衡阀、自动恒温控制阀和热计量装置，实现分室控温、分户计量。

（3）楼栋或单元热计量表的二次表部分应安装在地面以上或楼宇门内的适当位置，并用防护罩保护，便于读表，防止损坏。

25. 热源和室外管网的设计要点

（1）热源处宜设置供热量自动控制装置，实现供需平衡，按需供热。

（2）锅炉房、热力站应结合现有情况设置运行参数检测装置。应对锅炉房燃料消耗进行实时计量监测。应对供热量、补水量、耗电量进行计量。锅炉房、热力站各种设备的动力用电和照明用电应分项计量。

（3）室外管网改造时，应进行水力平衡计算。当热网的循环水泵集中设置在热源处或二级网系统的循环水泵集中设置在热力站时，各并联环路之间的压力损失差值不应大于15％。当室外管网水力平衡计算达不到上述要求时，应根据热网的特点设置水力平衡装置。热力入口水力平衡度应达到0.9～1.2。

26. 通风换气系统的设计要点

（1）为改善和保证节能改造后居室的空气质量，宜安装新风系统。

（2）应根据建筑物排风道状况计算排风能力。当风道阻力太大，不能满足排风要求时，可在楼顶安装无动力排风设备。

（3）当条件允许时，建议采用带热回收功能的中央新风系统。

第五章 节能改造项目费用

27. 在编制节能改造项目费用时，应增加一些新建建筑中没有的科目，如：前期准备、居民工作、门窗拆除，空调外机、防护栏和屋顶太阳能热水器的拆除与恢复，外墙附着物的变更以及居民补偿等。这些在定额标准中没有明确规定的科目，可参考附录二《节能改造费用新增科目及建安工程费预（结）算编制内容》，套用相关定额或按实际发生另行组价。建议各地在总结经验的基础上，编制节能改造专项定额。

28. 节能改造工程预（结）算编制的依据为施工图和相关设计文件、当地现行房屋修缮定额及建筑土建定额、建筑装修定额、当地现行建设工程计价规定及政策。现行定额不能覆盖的项目和费用，应按照项目内容，参照市场价格另行组价，由甲、乙双方协商确定。采用"定额量、市场价、指导价"的计价原则，合理确定既有居住建筑节能改造的工程造价。

第六章　节能改造施工

29. 节能改造施工与新建建筑施工相比，具有场地局限性大、环境复杂、作业困难、工期紧，受气候影响较大等特点，应结合既有建筑的实际情况，编制施工组织设计和专项施工方案，制定安全措施和消防预案。应选择有外保温施工经验的专业队伍承担外墙节能改造施工。

30. 外墙节能改造多采用聚苯板（EPS）薄抹灰外墙外保温系统，除应按相关的施工技术标准进行施工外，还应注意以下事项：

（1）施工前应按照设计和施工方案的要求对基层墙体进行检查，清除表面粉尘和油污，使基层清洁干燥。与外墙基层粘结不牢固的原装饰面层，尤其是空鼓、开裂的面层应彻底清除，并用水泥砂浆找平。在采用普通涂料、喷涂或面砖的墙面上直接粘贴保温板时，应先做拉拔试验，粘结强度不得小于 0.3MPa；若达不到上述拉拔强度，应提请设计单位核算，采取增加粘结面积或增加锚栓等措施。

（2）施工前应尽可能移走固定在外墙上的供电、电视通信等管线，对防护栏、空调外机等附着物进行拆卸。对于某些实在无法移走的附墙管线，应加上金属或塑料套管分别固定在外墙基层上，直径 10mm 以下的管线可直接铺在保温板下，直径 10mm 以上的管线应在保温板上开槽嵌固敷设。对穿过外保温系统的管道应设置套管，套管长度应挑出外保温面层 10mm～20mm，安装时外侧向下倾斜，保温层与套管结合部位应用柔性材料密封处理。附墙管线的处理应由相关产权单位负责实施。防护栏、空调外机等附着物拆卸后，施工单位应妥善保管或交房主自行保管，待外保温施工完成后，由施工单位统一安装。

（3）外保温系统的组成材料及部件应由系统供应商成套供应，并提供法定检测部门出具的体系检测报告和合格证。型式检验报告应包括安全性和耐候性检测的内容，保证组成材料的相容性和系统的整体性能。

（4）必须制定严格的消防安全措施，切实加强施工现场消防安全管理。居住建筑进行节能改造作业期间应撤离居住人员，并设消防安全巡逻人员，外保温施工时，严禁电焊和其他明火作业。

31. 门窗节能改造，除应按相关施工技术标准进行安装外，还应注意以下事项：

（1）由于既有建筑门窗洞口尺寸偏差较大，为保证安装精度，应认真测量每个洞口的尺寸，设计和加工窗框和窗扇，并对号入座。

（2）当外窗与外墙外基面平齐安装时，应使用两米靠尺靠紧外墙，窗框贴住靠尺固定，防止窗框与外保温间隙过大。窗框应利用把脚固定在墙体内侧，而不能采用常规做法，以防打撒墙皮影响固定安全性。外保温应至少遮盖窗框20mm，保温板与窗框缝隙应用膨胀密封条做密封防水处理。

32. 屋面节能改造，除应按相关的施工技术标准进行施工外，还应注意以下事项：

（1）当拆除原有保温防水层新做屋面时，应避开雨季分段施工，并采取防雨和安全措施。特别是拆除含水率较高的保温层时，水分会渗漏至顶层住户，应通知住户做好防范措施。原有屋面拆除后应把结构层表面清理干净，先做塑料薄膜隔汽层，再做找平层，然后粘贴保温板（正置式）或防水层（倒置式）。提倡使用冷粘法进行防水施工。用热熔法粘贴防水卷材时，最好采用燃气喷枪，并采取严格的消防措施。

（2）女儿墙顶部在做完保温后应加金属压顶板保护。上人孔应采用具有良好密封保温性能的轻质罩遮盖。

33. 供热采暖系统计量与节能改造，除应按相关施工技术标准施工外，还应注意以下事项：

（1）热源及室外供热管网改造时，应检查管道腐蚀程度及其保温质量，必要时予以更新。应更换损坏的管道阀门及部件。维修或改造后的管网，其保温效率应大于97%。

（2）应尽量利用已有设备基础、管道沟（井）及土建预留洞。如需在楼板及墙体上打孔穿管时，应避开墙内的设备及电气线路。

（3）管道穿过墙壁或楼板时，应埋设金属或塑料套管。应尽量避免在卫生间打孔破坏防水。必须打孔时，要做好防水处理。安装在墙壁内的套管，其两端应与装饰面相平且端面应光滑。管道接口不得设在套管内。管道与套管之间的缝隙应用柔性不燃材料严密封堵。

（4）当利用废弃的楼梯间垃圾道安装采暖干管时，应从上向下逐层拆除垃圾道。拆除过程中注意避免废渣坠落伤人，做好洞口防护，及时清理废渣，减少对居民生活的影响。

34. 新风系统应按设计要求进行安装。当利用烟道进行排风时，应事先检查和疏通烟道。

第七章 施工质量控制与验收

35. 为提高节能改造工程质量，保证节能效果，从事节能改造的各有关方面要充分认识既有建筑节能改造工程的重要性、特殊性，应严格执行《建筑节能工程施工质量验收规范》GB 50411、相关的施工质量验收标准和住房城乡建设部《北方采暖地区既有居住建筑供热计量及节能改造项目验收办法》（建科[2009] 261号）的规定，严格施工质量过程控制和检验，严把工程材料关，培训施工人员掌握施工工艺，重视节点细部做法，防止外保温表面空鼓裂缝、热桥和节点处理不当等影响节能效果和使用寿命，甚至从墙体脱落等事故的发生。并参照附录三的《粘贴聚苯板薄抹灰外墙节能改造工程质量验收方法》，加强施工质量过程控制和验收，加强施工和监理人员的培训和能力培养。

36. 节能改造工程根据实际情况一般包括外墙、外窗、屋面、不采暖地下室顶板、采暖系统和室外供热系统等分项工程，应按照经审查合格的设计文件和经审查批准的施工组织设计、专项施工方案组织施工。在施工过程中按规定进行质量控制，要点如下：

（1）采用的材料和产品应进行进场验收，检查是否具备合格证、检验报告等质量证明文件，是否符合设计要求和相关标准的规定。凡涉及安全和使用功能的材料，应进行进场复验，如：保温隔热材料的导热系数、密度和强度；粘结材料、抹面胶浆的拉伸粘结强度；网格布的力学性能、抗腐蚀性能；外窗的传热系数和气密性；散热器的散热系数和金属热强度；绝热材料的导热系数、密度和吸水率。复验应为现场见证取样送检，复验合格后方可使用。

（2）各分项工程应按规定的批量划分为若干施工段，作为检验批。检验批是实施施工质量过程控制的基本单元。检验批的每道工序都应按施工技术标准进行施工，都应按施工质量标准进行检查验收，并做好质量验收记录。上一道工序质量验收合格后，方可进行下一道工序的施工。若检验不合格，要认真整改，绝不放过，并制定措施，防止相同问题再次发生。应切实加强施工过程中检验批的质量控制和验收，绝不能搞形式走过场，这是保证整体工程质量的基础和关键。不提倡工程完工后进行破坏性的现场检验。

（3）隐蔽工程在隐蔽前应由施工单位通知有关单位进行验收，并应形成验收文件（文字记录和必要的图像资料）。

外墙改造隐蔽工程包括：
——基层表面状况及处理；
——保温板粘结或固定；
——被封闭的保温材料厚度；
——锚固件安装；
——网格布铺设；
——墙体热桥部位处理等。

屋面改造隐蔽工程包括：
——基层表面状况及处理；
——保温层的敷设方式、厚度和板材缝隙填充质量；
——屋面热桥部位处理；
——隔汽层施工；
——雨水口部位的处理等。

门窗改造隐蔽工程包括：
——门窗框与墙体结构缝的保温填充做法；
——门窗口四周的保温处理等。

（4）应重视和防治细部不细的质量通病，结合工程实际情况，制定重要节点的防水和保温施工方案。做好檐口、女儿墙、门窗口四周、封闭阳台以及出挑构件等热桥部位的保温处理。做好穿墙管线保温密封处理，确保节能效果和使用寿命。

37. 采暖系统和室外供热系统节能改造施工完成后,应在采暖期内进行联合试运转和调试。联合试运转和调试结果应符合设计要求。

38. 节能改造完成后,应对改造工程的节能效果进行评估。评估内容包括:改造前、后采暖能耗对比和节能效果核算,建筑物室内舒适度改善情况等。

39. 应高度重视并充分发挥居民在节能改造施工中的质量监督作用。施工质量整改结果应通知居民代表或涉及的居民住户确认。

40. 应加强对施工和监理人员的培训,使他们充分认识节能改造工作的重要意义和施工特点,提高他们的使命感与责任心。施工和监理人员应认真学习节能新材料、新工艺,加强材料进场检查和复验,把好材料第一关,坚持按施工技术标准进行施工操作。

附录：

一、建筑物现状及居民信息调查表

表1 既有居住建筑普查表

建筑物名称				竣工日期	年
地　址	省　　市　　区　　小区　　街道办　　社区			邮政编码	
建筑节能状态	□未采取节能措施 □节能30% □50% □65% □已完成节能改造				
结构类型	□砖混 □框架 □框剪 □剪力墙 □现浇普通钢筋混凝土墙 □内浇外挂 □其他				
外围护墙体材料	□空心黏土砖 □现浇普通钢筋混凝土墙 □空心砖 □加气混凝土砌块 □普通混凝土砌块 □轻集料混凝土砌块 □其他				
墙体厚度(mm)	□490 □370 □240 □200 □其他_____				
供热方式	□城市热力 □区域锅炉房 □独立采暖 □垂直双管 □垂直单管 □按户分环 □其他_____				
所属供热站					
地下室	□有地下室(□采暖 □不采暖) □无地下室		采暖系统		
窗的类型	□木窗 □钢窗 □铝合金窗 □塑钢窗 □其他_____		屋面	□平屋面 □坡屋面 □其他	
			窗玻璃层数	□单框单玻 □单框双玻 □单框三玻 □双框 □其他_____	
楼层总数(层)	居住楼层数(层)	总套数(套)	单元数(个)	总建筑面积(m²)	居住建筑面积(m²)
	商用楼层数(层)		户数/单元		商用建筑面积(m²)
建筑物形状	矩形板式楼	长(m)	宽(m)	长(m)	宽(m)
	异形(平面图及尺寸)				
阳　　台	朝向	长(m)	宽(m)	数量(个)	数量(个)
	南				
	北				
外观照片 (照片号)	朝向				
	东				
	西				
	南				
	北				

填表人：　　　　　审表人：　　　　　填表日期：　　　　　审表日期：

表 2 建筑物现状调查表(适用于典型建筑和确定要要进行节能改造的建筑物)

建筑物现状调查表

建筑物编号 _____

建筑物名称 _____

地　　　址 _____

调查人员 _____

调查日期 _____

基本情况表

建筑类型（根据分类）			竣工日期		
结构类型	□砖混 □框架 □剪力墙 □框剪 □内浇外砌 □内浇外挂 □其他		抗震设防烈度	□无清楚 □6度 □7度 □8度 □9度 □不清楚	
楼栋朝向（以单元门朝向为主朝向）		外墙材料		外墙厚度（mm）	
居住楼层数（层）		商用楼层数（层）		总楼层数（层）	
单元数（只计主入口）		××户数/××单元（如果每个入口有多个入口，那么每个入口单独编号并统计户数）		总套数（套）	
建筑物尺寸(m)	长		宽		高
居住建筑面积(m²)		商用建筑面积(m²)		是否异形（非矩形的建筑平面为异形，如为异形需附草图）	
地下室	□无地下室 □采暖地下室 □非采暖地下室	地下室层数（层）		地下室是否有窗	□是 □否
		地下室高度(m)		窗的状态	□完好 □破损 □无窗
		尺寸(m)			
单元门	□有单元门 □单元门破损或无密封作用	□无单元门	屋面类型	□平屋面 □坡屋面	
供热方式	□城市热力 □区域锅炉房 □独立采暖 □其他		室内采暖系统	□垂直单管系统 □垂直双管系统 □按户分 环 □其他	
所属供热站名称					

阳台信息

朝向	阳台类型	数量（个）	长度（m）	宽度（m）	高度（m）	凹阳台	凸阳台	当阳台采暖时填写			备注
								阳台部分外墙构造及各层材料厚度	阳台顶板构造及各层材料厚度	阳台底板构造及各层材料厚度	
南	类型1										
	类型2										
	类型3										
	类型4										
	总面积(m²)										
北	类型1										
	类型2										
	类型3										
	类型4										
	总面积(m²)										

续表

朝向	阳台类型	数量(个)	长度(m)	宽度(m)	高度(m)	凹阳台	凸阳台	阳台部分外墙 构造及各层材料厚度	当阳台采暖时填写 阳台顶板 构造及各层材料厚度	阳台底板 构造及各层材料厚度	备注
东	类型1										
	类型2										
	类型3										
	类型4										
	总面积(m²)										
西	类型1										
	类型2										
	类型3										
	类型4										
	总面积(m²)										

南外墙和外窗数据表

<table>
<tr><th rowspan="2">墙 体</th><th>宽
(m)</th><th>长
(m)</th><th>高
(m)</th><th>面积(含窗)
(m²)</th><th>个数</th><th>构造组成及
各部分厚度</th><th>备 注</th></tr>
<tr><td colspan="7"></td></tr>
<tr><td>南墙型一</td><td></td><td></td><td></td><td></td><td></td><td></td><td>构造及各层材料厚度</td></tr>
<tr><td>南墙型二</td><td></td><td></td><td></td><td></td><td></td><td></td><td>构造及各层材料厚度</td></tr>
<tr><td>南墙型三</td><td></td><td></td><td></td><td></td><td></td><td></td><td>构造及各层材料厚度</td></tr>
<tr><td>同方向楼梯间不采暖外墙</td><td></td><td></td><td></td><td></td><td></td><td></td><td>楼梯间不采暖时填写</td></tr>
<tr><td>同方向外门</td><td></td><td></td><td></td><td></td><td></td><td></td><td>采暖楼梯间需要计算外门的热损失</td></tr>
<tr><td>阳台门下部</td><td></td><td></td><td></td><td></td><td></td><td></td><td>阳台不采暖时需计算阳台门下部的损失</td></tr>
</table>

<table>
<tr><th>窗 型</th><th>高
(m)</th><th>面积
(m²)</th><th>个数</th><th>玻璃层数</th><th>窗框类型
(有几种填几种)</th><th>备注(此处需注明类型: 阳台窗、楼梯
间窗、地下室窗、门联窗、普通窗)</th></tr>
<tr><td>窗型一</td><td></td><td></td><td></td><td></td><td></td><td></td></tr>
<tr><td>窗型二</td><td></td><td></td><td></td><td></td><td></td><td></td></tr>
<tr><td>窗型三</td><td></td><td></td><td></td><td></td><td></td><td></td></tr>
<tr><td>窗型四</td><td></td><td></td><td></td><td></td><td></td><td></td></tr>
<tr><td>窗型五</td><td></td><td></td><td></td><td></td><td></td><td></td></tr>
<tr><td>窗型六</td><td></td><td></td><td></td><td></td><td></td><td></td></tr>
<tr><td>窗型七</td><td></td><td></td><td></td><td></td><td></td><td></td></tr>
<tr><td>窗型八</td><td></td><td></td><td></td><td></td><td></td><td></td></tr>
</table>

北外墙和外窗数据表

墙　体	宽 (m)	长 (m)	高 (m)	面积(含窗) (m²)	个数	构造组成及各部分厚度	备　注
				墙　部　分			
北墙型一							构造及各层材料厚度
北墙型二							构造及各层材料厚度
北墙型三							构造及各层材料厚度
同方向楼梯间不采暖外墙							楼梯间不采暖时填写
同方向外门							采暖楼梯间需要计算外门的热损失
阳台门下部							阳台不采暖时需计算阳台门下部的损失

窗型	宽 (m)	高 (m)	面积 (m²)	个数	玻璃层数	窗框类型(有几种填几种)	备注(此处需注明类型：阳台窗、楼梯间窗、地下室窗、门联窗、普通窗)
				窗　部　分			
窗型一							
窗型二							
窗型三							
窗型四							
窗型五							
窗型六							
窗型七							
窗型八							

东外墙和外窗数据表

墙 部 分

墙　　体	长 (m)	高 (m)	面积(含窗) (m²)	个数	构造组成及各部分厚度	备　　注
东墙型一						构造及各层材料厚度
东墙型二						构造及各层材料厚度
东墙型三						构造及各层材料厚度
同方向楼梯间不采暖外墙						楼梯间不采暖时填写
同方向外门						采暖楼梯间需要计算外门的热损失
阳台门下部						阳台不采暖时需计算阳台门下部的损失

窗 部 分

窗型	宽 (m)	高 (m)	面积 (m²)	个数	玻璃层数	窗框类型 (有几种填几种)	备注(此处需注明类型：阳台窗、楼梯间窗、地下室窗、门联窗、普通窗)
窗型一							
窗型二							
窗型三							
窗型四							
窗型五							
窗型六							
窗型七							
窗型八							

西外墙和外窗数据表

墙体	长(m)	高(m)	面积(含窗)(m²)	个数	构造组成及各部分厚度	备注
西墙型一						构造及各层材料厚度
西墙型二						构造及各层材料厚度
西墙型三						构造及各层材料厚度
同方向楼梯间不采暖外墙						楼梯间不采暖时需填写
同方向外门						采暖楼梯间需要计算外门的热损失
阳台门下部						阳台不采暖时需计算阳台门下部的热损失

窗部分

窗型	宽(m)	高(m)	面积(m²)	个数	玻璃层数	窗框类型(有几种填几种)	备注(此处需注明类型：阳台窗、楼梯间窗、地下室窗、门联窗、普通窗)
窗型一							
窗型二							
窗型三							
窗型四							
窗型五							
窗型六							
窗型七							
窗型八							

其他朝向外墙和外窗数据表　　朝向：_____

墙 体	长(m)	高(m)	面积(m²)	墙 部 分 个数	构造组成及各部分厚度	备 注
墙型一						构造及各层材料厚度
墙型二						构造及各层材料厚度
墙型三						构造及各层材料厚度
同方向楼梯间不采暖外墙						楼梯间不采暖时填写
同方向外门						采暖楼梯间需要计算外门的热损失
阳台门下部						阳台不采暖时需计算阳台门下部的损失

窗型	宽(m)	高(m)	面积(m²)	窗 部 分 个数	玻璃层数	窗框类型(有几种填几种)	备注(此处需注明类型：阳台窗、楼梯间窗、地下室窗、门联窗、普通窗)
窗型一							
窗型二							
窗型三							
窗型四							
窗型五							
窗型六							
窗型七							
窗型八							

屋顶、地面、楼梯间隔墙、地板和户门数据表

建筑部位		长 (m)	宽 (m)	面积 (m²)	个数	构造组成及各部分厚度	备注
屋顶							
不采暖楼梯间屋顶							楼梯间不采暖时，这部分屋顶不计入散热损失
不采暖楼梯间隔墙	类型1						
	类型2						
地面							底层楼面或地下室顶板
不采暖楼梯间地板							楼梯间不采暖时，这部分地板不计入散热损失
不采暖楼梯间户门							
接触室外空气地板							
不采暖地下室上部地板							

室外状况

建筑部件/状态	A	B	C	现状描述	评估的有关内容	照片（压缩成100K以下后，粘贴入表格）
周边环境					周边绿地和道路状况	
外墙					①外饰面做法：□清水砖墙 □抹灰墙面 □涂料 □干粘石饰面 □干挂幕墙 □其他 水泥疑土； ②肉眼观察到的外墙表面状态：□裂缝 □墙面返碱 □外墙饰面剥落 □完好 □其他； ③墙体：□渗水 □不渗水； ④墙面上突出的线脚：□凸出 □凹凸； ⑤空调室外机的数量； ⑥其他附着物情况；	
外墙保温状况					①外墙厚度和材料 ②外墙采用的保温形式及质量评价 ③室内热环境舒服性：□室温过高 □室温过低 □结露霉变	
阳台					①结构类型、建筑构件（支撑梁、支撑板、阳台护栏、阳台窗户玻璃、阳台窗） ②是否封闭，几面有窗，原房间门联窗是否拆除 ③总体现状；	

31

续表

建筑部件/状态	A	B	C	现状描述	评估的有关内容	照片（压缩成100K以下后，粘贴入表格）
窗户					①窗户类型：□单层窗 □双层窗 □中空窗 ②窗框材料： ③既有居住建筑各类型窗户的比例：钢窗（ ） 铝合金窗（ ） 塑钢窗（ ） 木窗（ ） ④窗户的保温性能质量评价：□结露 □结霜 ⑤密封条的状态： ⑥总体状态：①住户：□完好 □不完好 ②楼梯间门窗：□完好 □不完好	
承重结构					①建筑结构部分： 1) 墙壁：□裂缝 □沉降 □变形 □钢筋腐蚀 2) 楼板：□裂缝 □沉降 □变形 □钢筋腐蚀 3) 柱子：□裂缝 □沉降 □变形 □钢筋腐蚀 ②安全性：□符合国家安全要求 □不符合国家安全要求	
基础					□裂缝 □沉降	
地下室					①防水（防潮）层的作用，表面是否有返碱现象 ②地下室与楼梯间隔墙的材料和厚度 ③地下室的高度	
地下室热工现状					评估地下室顶板的保温情况（包括保温做法及质量、室内热舒适度，以及结露现象存在的部位和具体情况描述	
地下室外门					地下室外门的气密性和保温性	

续表

建筑部件/状态	A	B	C	现状描述	评估的有关内容	照片（压缩成100K以下后，粘贴入表格）
地下室窗户					①窗户的位置：□半地下室 □带采光井内的 ②对窗户水密性的评估：	
楼梯间墙体和窗户					①与住宅窗户相比，楼梯间的窗户质量有何不同 ②与住户的隔墙状况	
楼宇入口					单元门的气密性和保温	
屋面					屋面的种类和状态	
屋面上的构造物					①用途： ②面积： ③是否采暖：	
屋顶保温					①评估屋顶的保温质量 ②调查顶层住户室内热舒适的程度； ③屋顶内表面是否有结露、霉变现象； ④附着物情况：	
屋顶檐口					檐口和排水系统的种类（有组织排水或无组织排水），状态，运行可靠性	
供热方式（锅炉房和外网）					①□集中供热 □分户供热 ②□有调节装置 □无调节装置 ③□有计量和测量装置 □无计量和测量装置	

备注：
A: 状态完好，无需改造；
B: 有缺陷，但功能未受影响；
C: 有重大缺陷，影响到使用功能。

室内状况

建筑部件/状态	A	B	C	现状描述	评估的有关内容	照片（压缩成100K以下后，粘贴入表格）
户内采暖管道					①系统类别：□单管系统 □双管系统 □按户分环 ②管路的状态（腐蚀情况）： □有霉变 □无霉变	
室内						
散热器					①散热器的种类：□钢制散热器 □铜铝复合散热器 □铜质散热器 □铝合金散热器 □铸铁散热器 ②散热器的状态：□腐蚀 □未腐蚀 ③有无散热器罩：□有 □无	
散热器的调节方式					调节方式：□无调节装置 □自动恒温控制阀 □电控调节装置	
热水制备					①热水器类型：□电热水器 □燃气热水器 □太阳能热水器 ②出厂日期和功率：	
自来水主阀门					总体状态、入楼管路的渗漏情况、计量方式	
自来水和下水管					总体状态、管路的渗漏情况及腐蚀情况	
通风系统					通风系统的种类、运行可靠性、是否有暗卫生间	
煤气主阀门					安全性、计量方式	
煤气管					管路的位置和气密性及锈蚀情况	
配电箱					位置、计量方式	
电路					电表和内部线路是否能满足现有用电负荷的要求	
电梯					总体状态、运行可靠性	
营业空间					用途、位置、其室外建筑构造与住宅的区别	

备注：
A：状态完好，无需改造；
B：有缺陷，但功能未受影响；
C：有重大缺陷，影响使用功能。

表 3 居民信息调查表（每户一表，对已经确定要进行节能改造的建筑物做调查用）

建筑物名称		房间号			
姓名		工作单位			
联系方式	住宅电话：		手机：		
家庭人口数量		年龄分布	0～6岁 ___人	7～18岁 ___人	19～60岁 ___人	60岁以上 ___人
家庭成员中是否有下列疾病		心脏病 □有 □无	脑血管病 □有 □无	其他施工噪声等可能诱发的疾病（请注明）	
是否低保户		□是 □否			
房屋现产权情况		□已购买房改房	□使用权	□交易二手房	□商品房
采暖季室内平均温度（℃）			室内是否有 漏雨透风等现象	有 □无	室内是否有 结露现象	□有 □无
您对目前的供暖是否满意			□满意 □不满意		
您是否同意进行节能改造			□同意 □不同意		
您愿意为此次节能改造承担部分费用吗？比例多少			□愿意，百分比 ___ % □不愿意		
阳台窗是否封闭	□是 □否		阳台窗类型		
防盗护栏	□有 □无		护栏数量及位置		
空调	□有 □无		空调数量及位置		

续表

建筑物名称		房间号	
装修状况	散热器装修情况:	□有 □无	其他: _____
	暖气管装修情况:	□有 □无	其他: _____
	窗框装修情况:	□有 □无	其他: _____

意见和建议:

住户签字:

填表说明:
1. 本表仅作为节能改造了解情况参考,不作为对用户要求和收费的依据,请如实填写。
2. 除个别需填写数字或文字外,其余请在选择项前画钩。
3. 住户如有疑问,可询问节能改造项目实施单位。联系人:_____ 电话:_____

二、节能改造费用新增科目及建安工程费预(结)算编制内容

(一) 节能改造费用新增科目

序号	工 作 内 容	完成人	费用类别
1	前期检验	检测机构	工程勘设费
2	前期入户调查	建设单位	工程勘设费
3	居民工作(印刷宣传品、场地设备费用、居民工作人员费用)	建设单位/居委会	甲方管理费
4	拆除外墙管线	产权单位	工程配合费
5	拆装防盗窗	施工单位	工程费/签证
6	拆装空调	施工单位	工程费/签证
7	拆除违建	施工单位	工程费/签证
8	拆装太阳能热水器	施工单位	工程费/签证
9	对居民补偿(装修拆除等经与居民协商确定的项目)	建设单位	甲方管理费
10	对居民的意外伤害补偿(未列入计划,未经甲方确认、施工方施工不当等造成的居民损失)	施工单位	施工单位自负不计入工程费
11	指导居民使用节能设备	建设单位	甲方管理费

(二) 建安工程费预(结)算编制内容

1. 外墙外保温
(1) 外墙基面处理 套用或借用修缮定额、土建定额
(2) 外墙外保温施工 套用或借用装修定额、土建定额
(3) 外墙管线移位 套用或借用装修定额、土建定额

2. 门窗(防护栏)工程
(1) 防护栏拆除 套用修缮定额
(2) 门窗拆除、运输 套用修缮定额
(3) 新门窗(含纱窗)制作、安装 套用装修定额
(4) 防护栏安装 借用土建定额

(5) 空调拆除安装　按市场价确定

(6) 外墙基面修复　套用修缮定额

3. 屋面工程

(1) 拆除屋面防水层、找平层、找坡层、保温层　套用修缮定额

(2) 原屋面清理　套用修缮定额

(3) 水落管拆除　套用修缮定额

(4) 屋面找坡　套用土建定额

(5) 屋面保温　借用土建定额

(6) 水泥砂浆找平层　套用土建定额

(7) 防水层　套用土建定额

(8) 水落管安装　套用修缮定额

4. 楼梯间工程（若不做保温，在综合节能改造中也可以考虑）

(1) 垃圾道拆除　套用修缮定额

(2) 楼梯间墙皮铲除　套用修缮定额

(3) 垃圾道洞口钢筋混凝土封堵　套用修缮定额

(4) 楼梯间的墙面刮腻子　套用装修定额

(5) 刷内墙涂料　套用装修定额

(6) 楼梯扶手栏杆油漆　套用修缮定额

(7) 楼道灯安装　套用修缮定额

(8) 楼门或单元门　按市场价格确定

(9) 信报箱　按市场价格确定

5. 暖气工程

(1) 原有暖气系统拆除　套用修缮定额

(2) 新暖气系统安装　套用土建定额

(3) 安装水力平衡装置　按市场价计入

(4) 未计价材料、设备费　按市场价计入

6. 新风工程

(1) 外墙钻孔　套用土建定额

（2）外墙安装进风口　按市场价计入

（3）风机安装　按市场价计入

（4）屋顶安装无动力风机　套用土建定额

7. 阳台加固（根据实际情况需要加固的，可考虑以下内容）

（1）阳台栏板和隔板的拆除和运输　套用修缮定额

（2）墙内植筋　套用修缮定额

（3）阳台钢筋混凝土挑梁　套用修缮定额

（4）安装预制钢筋混凝土阳台栏板　套用修缮定额

（5）制作和安装阳台隔板　套用修缮定额

（6）阳台栏板和隔板的抹灰　套用修缮定额

8. 恢复工作

因施工造成居民装修、物品损坏的，应根据实际情况与居民协商，进行恢复。

9. 其他费用

如措施费用；人工、材料价格调整；工程变更、工程洽商、签证。这几项均与新建建筑相同，不再赘述。

三、粘贴聚苯板薄抹灰外墙节能改造工程质量验收办法

北方采暖地区既有居住建筑的外墙节能改造大多采用粘贴聚苯板薄抹灰外墙外保温系统。该系统做法是，将阻燃型聚苯板（简称EPS板）粘贴于外墙外表面，在聚苯板表面抹抗裂砂浆并铺设玻纤网格布，然后做涂料或装饰砂浆饰面层。

既有建筑外墙基层的状况比较复杂，聚苯板与基层墙体的连接应采用粘锚结合方式。同时，聚苯板薄抹灰外保温工程应按设计要求设置防火隔离带。

（一）主控项目

1. 所用材料和产品进场后，应做质量检查和验收。其品种、规格、性能必须符合设计和有关标准的要求。

2. 检验内容：

（1）检查产品合格证和出厂检验报告；

(2) 现场抽样复验。复验材料：聚苯板，胶粘剂，抗裂砂浆，玻纤网格布和锚栓。

3. 基层应坚实、平整，无妨碍粘结的附着物。施工前，现场实测基层-聚苯板样板件的粘结强度应大于 0.10MPa。

4. 聚苯板与基层墙面必须粘结牢固。粘结强度应符合设计和有关标准的要求，无松动和虚粘现象。粘结面积不小于 40% 并符合设计要求。加强部位的粘结面积应符合设计和有关标准的要求。

检验方法：扒开粘贴的聚苯板观察检查和用手推拉检查。

5. 安装锚固件数量、锚固位置、锚固深度应符合设计要求。

检验方法：观察检查；卸下锚固件，实测锚固深度。

6. 聚苯板的厚度必须符合设计要求，其负偏差不得大于 3mm。

检验方法：用钢针插入和尺量检查。

7. 抗裂砂浆与聚苯板必须粘结牢固，无脱层、空鼓，面层无裂缝。

检验方法：用小锤轻击和观察检查。

8. 外墙热桥部位，应按照设计要求和施工方案采取隔断热桥和保温措施。

检验方法：观察检查。

9. 防火隔离带应按照设计要求和施工方案进行施工。

检验方法：观察检查。

（二）一般项目

1. 聚苯板安装应上下错缝。各聚苯板间应挤紧拼严，拼缝平整。碰头缝不得抹胶粘剂。

检验方法：观察；手摸检查。

2. 玻纤网格布应铺压严实，被包覆于抗裂砂浆中，不得有空鼓、褶皱、翘曲、外露等现象。玻纤网搭接长度必须符合规定要求。加强部位的玻纤网做法应符合设计和有关标准的要求。

检验方法：观察检查。

3. 外保温墙面层的允许偏差和检验方法应符合下表的规定。

外保温墙面层的允许偏差和检验方法

项次	项 目	允许偏差（mm）	检 查 方 法
1	表面平整	4	用2m靠尺楔形塞尺检查
2	阴、阳角方正	4	用直角检测尺检查
3	分格缝（装饰线）直线度	4	拉5m线，不足5m拉通线，用钢直尺检查

四、既有建筑节能改造示范工程预算表
（以唐山市为例，2006年参考价格）

外墙外保温工程

序号	定额编号	单位	项 目 名 称	预算单价（元）	定额
1	1-77	m²	拆除工程 墙面层拆除 干粘石 水刷石	4.86	修缮
2	15-1	m²	抹灰工程 整修项目 墙面抹灰 水泥砂浆	10.20	修缮
3	1-76	m²	墙面层拆除水泥砂浆墙面	1.80	修缮
4	15-42	m²	室外砖墙抹水泥砂浆 光面	9.46	修缮
5	B-1	m²	高压水枪 外墙面清洗	0.50	补充
6	9-237	m²	聚苯乙烯泡沫塑料板附墙铺贴外墙外保温100mm（胶浆粘结）	27.03	土建
7	10-79	m²	套用轻质砌块墙顶钢丝网定额（玻璃纤维网格布）	13.63	土建
8	17-134	m²	抹灰面刮水泥腻子两遍	1.83	修缮
9	15-41	m²	外墙面抹水泥砂浆麻面（砂浆颗粒）	7.53	修缮
10	17-130	m²	抹灰面外墙涂料两遍	8.61	修缮
11	13-12	m³	渣土运输 1km以内	6.89	修缮
12	13-13	m³	渣土运输 每增加1km	1.12	修缮

屋面工程

序号	定额编号	单位	项目名称	预算单价（元）	定额
1	1-42	m²	屋面防水层拆除	1.51	修缮
2	1-125	m²	水泥砂浆找平层拆除	1.80	修缮
3	1-47	m²	水泥炉渣找坡层拆除	0.90	修缮
4	1-44	m²	加气混凝土保温层拆除	1.44	修缮
5	1-148	m	拆除工程 其他拆除 水落管 白铁皮水落管	0.54	修缮
6	10-12	m	水落管 塑料 φ110mm	30.16	修缮
7	1-153	个	拆除工程 其他拆除 铸铁下水管	1.62	修缮
8	10-26	个	钢管底节 φ110mm 1.8m	43.69	修缮
9	10-23	个	UPVC水斗 φ110mm	21.00	修缮
10	10-24	个	UPVC落水口 φ110mm	14.07	修缮
11	10-25	套	UPVC弯头、落水管及箅子板，φ110mm	17.88	修缮
12	4-23	m³	砌筑砖墙工程 零星砌体水泥石灰砂浆中砂M5.0	135.85	修缮
13	15-63	m²	抹普通砂浆 普通腰线	14.88	修缮
14	5-56	m³	钢筋混凝土构件制作和安装小型构件，水泥砂浆中砂1:3	107.07	修缮
15	9-228	m³	屋面保温聚苯乙烯泡沫塑料板	332.37	土建
16	16-30	m²	找平层 水泥砂浆1:3（2cm）保温层上	5.26	修缮
17	5-30	m³	现浇钢筋混凝土工程 栏板	666.85	修缮
18	5-75	m	混凝土抗震加固 混凝土内植钢筋 φ10mm	71.16	修缮
19	5-64	t	钢筋、铁件制作安装 铁件制作安装	4056.99	修缮
20	9-237	m²	聚苯乙烯泡沫塑料板附墙铺贴外墙外保温100mm（女儿墙）（胶浆粘结）	27.03	修缮
21	17-136	m²	抹灰面刮防水腻子两遍	3.46	修缮
22	B-1	个	女儿墙压顶使用铆钉	2.80	补充
23	19-62	m²	找平层上SBS弹性沥青胶屋面 热熔法Ⅲ型	16.03	修缮

续表

序号	定额编号	单位	项目名称	预算单价（元）	定额
24	B-2	个	屋顶透气管 镀锌铁皮 1.0mm ϕ50mm h=700m	95.00	补充
25	6-38	kg	金属结构工程 钢加固 预埋铁件	6.33	修缮
26	17-88	t	其他金属面刷调合漆，带防锈漆（注：每吨金属材料的油漆和施工费用，下同)	184.00	修缮
27	10-31	个	阳台雨篷钢管排水管 ϕ20mm	0.84	土建
28	13-12	m³	渣土运输 1km 以内	6.89	修缮
29	13-13	m³	渣土运输 每增加 1km	1.12	修缮

门窗工程

序号	定额编号	单位	项目名称	预算单价（元）	定额
1	1-102	樘	（人工）拆除工程 顶棚、门窗装修拆除 整樘窗	6.84	修缮
2	6-180	m²	中空玻璃平开窗制造安装	244.95	土建
3	6-179	m²	中空玻璃推拉窗制造安装	242.38	土建
4	15-63	m²	窗口恢复抹灰 普通腰线 水泥砂浆 1：2	14.88	修缮
5	B-1	套	楼宇对讲保温门制造安装 1200mm×2100mm 中档	3000.00	补充
6	B-1	台	空调拆除及安装挂机	50.00	补充
7	B-1	台	空调拆除及安装柜机	80.00	补充
8	B-1	个	水钻打孔	20.00	补充

楼梯间工程

序号	定额编号	单位	项目名称	预算单价（元）	定额
1	1-141	m³	拆除垃圾道	113.40	修缮
2	15-63	m²	内墙抹灰 普通腰线	14.88	修缮
3	5-35	m³	现浇混凝土中砂碎石 C20-20，补休息平台垃圾道缺口	989.39	修缮

续表

序号	定额编号	单位	项目名称	预算单价（元）	定额
4	5-74	m	混凝土内植钢筋（φ8mm以内）	64.47	修缮
5	5-61	t	钢筋、铁件制作安装 钢筋φ20mm以内	2516.30	修缮
6	16-41	m²	整体面层 水泥砂浆地面 不分格	6.53	修缮
7	15-53	m²	顶棚抹水泥砂浆 现浇混凝土板顶	6.00	修缮
8	1-83	m²	铲墙皮	0.23	修缮
9	17-134	m²	刮腻子两遍	1.83	修缮
10	17-126	m²	内墙涂料刷一遍	3.54	修缮
11	17-128	m²	喷刷内墙涂料 每增减一遍	1.07	修缮
12	12-13	m²	室内装饰脚手架，3.6m内简易脚手架 墙面垂直面积	0.17	修缮
13	12-12	m²	室内装饰脚手架，3.6m内简易脚手架 顶棚水平投影面积	0.59	修缮
14	17-88	t	金属面油漆 其他金属面刷调合漆 带防锈漆	184.00	修缮
15	17-90	t	金属面油漆 其他金属面刷调合漆 调合漆每增减一道	45.53	修缮
16	17-13	m²	木材面油漆 刷调合漆 木扶手清理刷漆	3.55	修缮
17	17-53	m²	踢脚线刷铁红油漆一遍	9.89	修缮
18	17-4	m²	木材面油漆 刷调合漆 单层木门清理刷漆（电表箱门）	23.02	修缮
19	B-1	套	楼道太阳能声光控灯	2000.00	补充
20	B-1	个	拆除原有信报箱15户	5.00	补充
21	B-1	个	信报箱制作15户 每户40元	600.00	补充
22	B-1	个	信报箱安装15户	150.00	补充
23	B-1	付	楼牌号制作安装	160.00	补充
24	B-1	个	单元牌号制作安装	90.00	补充
25	B-1	个	住户牌号制作安装	10.00	补充
26	13-12	m³	渣土运输1km以内	6.89	修缮
27	13-13	m³	渣土运输每增加1km	1.12	修缮

阳台加固工程

序号	定额编号	单位	项目名称	预算单价（元）	定额
1	1-141	m³	混凝土及钢筋混凝土拆除 预制钢筋混凝土	113.40	修缮
2	15-127	m²	基层界面处理 YJ-302界面处理剂一道	5.28	修缮
3	5-5	m³	现浇钢筋混凝土单梁，连续梁 中砂碎石	357.60	修缮
4	5-74	m	混凝土抗震加固 混凝土内植筋（φ8mm以内）	64.47	修缮
5	5-76	m	混凝土抗震加固 混凝土内植筋（φ12mm以内）	88.37	修缮
6	5-80	m	混凝土抗震加固 混凝土内植筋（φ22mm以内）	131.59	修缮
7	5-46	m³	钢筋混凝土预制构件制作 小型构件 中砂碎石 C30-20	688.06	修缮
8	5-56	m³	钢筋混凝土预制构件安装 水泥砂浆中砂1:3	107.07	修缮
9	13-3	m³	混凝土构件运输10km以内	87.51	修缮
10	5-60	t	钢筋铁件制作安装 钢筋φ10mm以内	2687.52	修缮
11	5-61	t	钢筋铁件制作安装 钢筋φ20mm以内	2516.30	修缮
12	13-1	t	钢筋铁件场外运输	74.30	修缮
13	2-261	m²	泰柏板阳台隔断	85.46	土建
14	13-3	m³	混凝土构件运输10km以内	87.51	修缮
15	6-38	kg	阳台加固 预埋铁件	6.33	修缮
16	15-49	m²	抹水泥砂浆 钢板网墙	6.37	修缮
17	17-134	m²	阳台栏板及泰柏板隔断刮腻子两遍	1.83	修缮
18	17-126	m²	阳台栏板及泰柏板隔断刷涂料	3.54	修缮
19	17-128	m²	阳台栏板及泰柏板隔断刷涂料 每增减一遍	1.07	修缮
20	5-11	t	钢托架制作1.5t以内	3922.33	修缮
21	14-191	t	钢支架安装每组重量0.2t以内	573.29	修缮
22	13-12	m³	渣土运输1km以内	6.89	修缮
23	13-13	m³	渣土运输每增加1km	1.12	修缮

脚手架工程

序号	定额编号	单位	项目名称	预算单价（元）	定额
1	12-25	m²	外装修、装饰脚手架墙高（15m以内）	3.72	修缮
2	12-96	m²	建筑物垂直封闭建筑面积（10000m²以内）	2.55	土建
3	12-94	m²	水平防护架	16.26	土建

室内采暖系统改造工程

序号	定额编号	单位	项目名称	预算单价（元）	定额
1	1-9	m	室内管道拆除（螺纹连接）工程（ϕ32mm以内）	2.02	修缮
2	1-351	组	钢制板式散热器拆除，H600×1000以内	2.34	修缮
3	1-173	t	一般管道支架拆除	468.88	修缮
4	1-68	m	[材]给水复合管（热熔连接）（管径25mm以内）	25.40	修安
5	其中	m	聚丙乙烯管（外径25mm以内）	13.60	修安
6	1-69	m	[材]给水复合管（热熔连接）（管径32mm以内）	35.64	修安
7	其中	m	聚丙乙烯管（外径32mm以内）	22.72	修安
8	1-70	m	[材]给水复合管（热熔连接）（管径40mm以内）	46.50	修安
9	其中	m	聚丙乙烯管（外径40mm以内）	33.66	修安
10	1-71	m	[材]给水复合管（热熔连接）（管径50mm以内）	72.59	修安
11	其中	m	聚丙乙烯管（外径50mm以内）	50.42	修安
12	1-72	m	[材]给水复合管（热熔连接）（管径63mm以内）	112.92	修安
13	其中	m	聚丙乙烯管（外径63mm以内）	89.12	修安
14	1-177	个	塑料管夹安装	1.20	修安
15	其中	个	塑料管夹ϕ32mm以上	0.90	修安
16	1-370	组	钢制柱式散热器 片数12片以下	18.49	修安

续表

序号	定额编号	单位	项目名称	预算单价（元）	定额
17	[材]	组	钢制柱式散热器 6~11片	市价	修安
18	1-371	组	钢制柱式散热器 片数12~15片	20.33	修安
19	[材]	组	钢制柱式散热器 片数12~15片	市价	修安
20	1-372	组	钢制柱式散热器 片数16片以上	25.96	修安
21	[材]	组	钢制柱式散热器 片数16片以上	市价	修安
22	8-451	组	[材]户用热量表安装 蒸发式热分配表	216.29	安装
23	其中	只	智能热量表 普通型	200.00	安装
24	8-312	个	[材]螺纹阀 公称直径20mm以内自动恒温控制阀	127.99	安装
25	其中	个	螺纹阀 公称直径20mm以内温控阀自动恒温控制阀	122.00	安装
26	8-313	个	[材]螺纹阀 公称直径25mm以内自力式压差控制阀	696.92	安装
27	其中	个	螺纹阀 公称直径25mm以内自力式压差控制阀	684.00	安装
28	8-314	个	[材]螺纹阀 公称直径32mm以内自力式压差控制阀	825.11	安装
29	其中	个	螺纹阀 公称直径32mm以内自力式压差控制阀	809.00	安装
30	8-315	个	[材]螺纹阀 公称直径40mm以内自力式压差控制阀	1059.09	安装
31	其中	个	螺纹阀 公称直径40mm以内自力式压差控制阀	1037.00	安装
32	8-328	个	[材]焊接法兰阀 公称直径50mm以内截止阀	232.79	安装
33	其中	个	法兰阀门 公称直径50mm以内截止阀	148.00	安装
34	8-328	个	[材]焊接法兰阀 公称直径50mm以内闸阀	299.79	安装

续表

序号	定额编号	单位	项目名称	预算单价（元）	定额
35	其中	个	法兰阀门 公称直径50mm以内闸阀	215.00	安装
36	8-328	个	［材］焊接法兰阀 公称直径50mm以内闸阀	269.79	安装
37	其中	个	法兰阀门 公称直径50mm以内闸阀	185.00	安装
38	8-328	个	［材］焊接法兰阀 公称直径50mm以内自立式压差温控阀	1284.79	安装
39	其中	个	法兰阀门 公称直径50mm以内自立式压差温控阀	1200.00	安装
40	1-225	个	螺纹阀 公称直径20mm以内	16.36	修安
41	［材］	个	螺纹阀 公称直径20mm以内	12.00	修安
42	1-226	个	螺纹阀 公称直径32mm以内	21.20	修安
43	［材］	个	螺纹阀 公称直径32mm以内	14.00	修安
44	1-227	个	螺纹阀 公称直径40mm以内	31.99	修安
45	［材］	个	螺纹阀 公称直径40mm以内	18.50	修安
46	8-311	个	［材］螺纹阀 公称直径15mm以内	14.54	安装
47	其中	个	螺纹阀 公称直径15mm以内	10.00	安装
48	8-370	个	自动排气阀	43.67	安装
49	其中	个	自动排气阀巨矾 公称直径20mm	33.00	安装
50	补	个	活接头	1.00	安装

相关政策文件：

财政部关于印发《北方采暖地区既有居住建筑供热计量及节能改造奖励资金管理暂行办法》的通知

财建〔2007〕957号

有关省、自治区、直辖市、计划单列市财政厅（局），新疆生产建设兵团财务局：

为贯彻落实《国务院关于印发节能减排综合性工作方案的通知》（国发〔2007〕15号）精神，切实推进北方采暖区既有居住建筑供热计量和节能改造工作，我们制定了《北方采暖地区既有居住建筑供热计量及节能改造奖励资金管理暂行办法》。现予印发，请遵照执行。

附件：北方采暖地区既有居住建筑供热计量及节能改造奖励资金管理暂行办法

中华人民共和国财政部
二〇〇七年十二月二十日

附件：

北方采暖地区既有居住建筑供热计量及节能改造奖励资金管理暂行办法

第一章 总 则

第一条 根据《国务院关于印发节能减排综合性工作方案的通知》（国发〔2007〕15号），国家财政将安排资金专项用于对北方采暖地区开展既有居住建筑供热计量及节能改造工作进行奖励。为加强该项资金管理，特制定本办法。

第二条 本办法所称"北方采暖地区"是指北京市、天津市、河北省、山西省、内蒙古自治区、辽宁省、吉林省、黑龙江省、山东省、河南省、陕西省、甘肃省、青海省、宁夏回族自治区、新疆维吾尔自治区。

本办法所称"北方采暖地区既有居住建筑供热计量及节能改造奖励资金"（以下简称奖励资金）是指中央财政安排的专项用于奖励北方采暖地区既有居住建筑供热计量及节能改造的资金。

第三条 为明确责任，充分调动地方人民政府的积极性，奖励资金采取由中央财政对省级财政专项转移支付方式，具体项目实施管理由省级人民政府相关职能部门负责。

第四条 奖励资金管理实行"公开、公平、公正"原则，接受社会监督。

第二章 奖励资金使用范围

第五条 奖励资金使用范围
（一）建筑围护结构节能改造奖励；
（二）室内供热系统计量及温度调控改造奖励；
（三）热源及供热管网热平衡改造等改造奖励；

（四）财政部批准的与北方采暖地区既有居住建筑供热计量及节能改造相关的其他支出。

第三章 奖励原则和标准

第六条 奖励资金采用因素法进行分配，即综合考虑有关省（自治区、直辖市、计划单列市）所在气候区、改造工作量、节能效果和实施进度等多种因素以及相应的权重。

第七条 专项资金分配计算公式：

某地区应分配专项资金额＝所在气候区奖励基准×[Σ（该地区单项改造内容面积×对应的单项改造权重）×70％＋该地区所实施的改造面积×节能效果系数×30％]×进度系数。其中：

气候区奖励基准分为严寒地区和寒冷地区两类：严寒地区为 55 元/m^2，寒冷地区为 45 元/m^2。

单项改造内容指建筑围护结构节能改造、室内供热系统计量及温度调控改造、热源及供热管网热平衡改造三项，对应的权重系数分别为：60％，30％，10％。

节能效果系数根据实施改造后的节能量确定。

进度系数，根据改造任务的完成时间，分为三档：

1. 2009 年采暖季前完成当地的改造任务，进度系数为 1.2；
2. 2010 年采暖季前完成当地的改造任务，进度系数为 1；
3. 2011 年采暖季前完成当地的改造任务，进度系数为 0.8；

第八条 财政部会同建设部根据各地改造工作量与节能效果核定奖励资金。改造工作量与节能量核定办法另行制订。

第四章 资金拨付与使用

第九条 在启动阶段，财政部会同建设部根据各地的改造任务量，按照 6 元/m^2 的标准，将部分奖励资金预拨到省级财政部门，用于对当地热计量装置的安装补助。

财政部会同建设部根据各地每年实际完成的工作量和节能效果核拨奖励资金，并在改造任务完成后，对当地奖励资金进行清算。

第十条 省级财政部门在收到奖励资金后，会同建设部门及时将资金落实到具体项目，并将具体项目清单报财政部、建设部备案。

第十一条 对于具体项目的管理，各地应充分利用市场机制，鼓励采用合同能源管理模式，创新资金投入方式，确保奖励资金安排使用的规范、安全和有效。

第十二条 奖励资金支付管理按照财政国库管理制度有关规定执行。

第五章 监督管理

第十三条 各地要认真组织既有居住建筑供热计量及节能改造工作，不得以既有居住建筑节能改造为名进行大拆大建，应对拟改造的项目进行充分的技术经济论证，并严格按照建设程序办理相关手续。

第十四条 各级财政、建设部门要切实加强奖励资金的管理。确保奖励资金专款专用。对弄虚作假，冒领奖励或者截留、挪用、滞留专项资金的，一经查实，按照国家有关规定进行处理。

第六章 附则

第十五条 本办法由财政部负责解释。

第十六条 相关省、自治区、直辖市财政部门，可以根据本办法，结合当地实际，制定具体实施办法。

第十七条 本办法自印发之日起施行。

财政部 住房城乡建设部关于进一步深入开展北方采暖地区既有居住建筑供热计量及节能改造工作的通知

财建 [2011] 12 号

北京市财政局、建委、市政管委，天津市财政局、建委，河北省、山西省、内蒙古自治区、辽宁省、吉林省、黑龙江省、山东省、河南省、陕西省、甘肃省、青海省、宁夏回族自治区、新疆维吾尔自治区财政厅、住房城乡建设厅，大连市、青岛市财政局、建委，新疆生产建设兵团财政局、建设局：

北方采暖区既有居住建筑供热计量及节能改造（以下简称供热计量及节能改造）实施以来，各地住房城乡建设、财政主管部门积极落实改造项目，多方筹措资金，认真组织实施，圆满地完成了国务院确定的"十一五"改造任务，取得了良好的节能减排效益及经济社会效益，得到了地方政府、有关企业和居民群众的广泛支持和积极参与，形成了良好的工作局面。"十二五"期间，财政部、住房城乡建设部将进一步加大工作力度，完善相关政策，深入开展供热计量及节能改造工作。现就有关事项通知如下。

一、明确"十二五"期间改造工作目标

进一步扩大改造规模，到 2020 年前基本完成对北方具备改造价值的老旧住宅的供热计量及节能改造。到"十二五"期末，各省（区、市）要至少完成当地具备改造价值的老旧住宅的供热计量及节能改造面积的 35％以上，鼓励有条件的省（区、市）提高任务完成比例。地级及以上城市达到节能 50％强制性标准的既有建筑基本完成供热计量改造。完成供热计量改造的项目必须同步实行按用热量分户计价收费。住房城乡建设部、财政部将对以上目标按年度分解，逐年考核，并将考核结果上报国务院。

二、尽快落实各省供热计量及节能改造任务并签订改造协议

为进一步健全激励约束机制，鼓励地方加快节能改造工作，中央财政奖励标准在"十二五"前3年将维持2010年标准不变，2014年后将视情况适度调减。各省（区、市）根据"十二五"改造规划，及早确定2011～2013年节能改造目标，并于2011年2月底前上报财政部和住房城乡建设部。为确保改造目标完成，加快工作进度，财政部、住房城乡建设部将按各地上报的改造工作量与各地签订改造协议。对工作积极性高、提出改造申请早、前期完成任务好的地方将优先签订改造协议，优先安排改造任务及中央财政奖励资金。

三、鼓励具备条件的城市尽早完成节能改造任务

为充分调动城市积极性，突出政策效益和改造整体效果，对工作积极性高、前期工作基础好、配套政策落实的市县进一步加大政策激励力度，启动一批供热计量及节能改造重点市县（"节能暖房"工程重点市县，下同）。供热计量及节能改造重点市县要切实加快工作进度，到2013年地级及以上城市要完成当地具备改造价值的老旧住宅的供热计量及节能改造面积40％以上，县级市要完成70％以上，达到节能50％强制性标准的既有建筑基本完成供热计量改造。鼓励用3～5年时间节能改造重点市县全部完成节能改造任务，从而实现重点突破，并形成示范带动效应。对节能改造重点市县，财政部、住房城乡建设部将优先安排节能改造任务及相应补助资金，对经考核如期完成上述改造目标的重点市县，将根据节能效果、供热计量收费进展等因素，给予专门财政资金奖励，用于推进热计量收费改革等相关建设性支出。申请供热计量及节能改造重点市县，要抓紧制定改造方案，提出详细的节能改造目标，保障措施并落实改造项目，由省（区、市）财政、住房城乡建设部门汇总，于2011年2月底前上报财政部和住房城乡建设部。财政部与住房城乡建设部将对节能改造方案进行论证，按照"成熟一批、启动一批"的原则组织实施并下达财政补助资金。

四、建立多元化的资金筹措机制

各地要建立以市场化融资为主体的多元化资金筹措机制。各级财政要把供热计量及节能改造作为节能减排资金安排的重点，建立稳定、持续的财政资金投入机制。要落实好已发布的节能服务机制的优惠政策，积极支持采用合同能源管理方式，开展供热计量及节能改造并进行分户计量收费。要积极引导供热企业、居民、原产权单位及其他社会资金投资改造项目，进一步拓展节能改造资金来源。

五、积极推广新型建材应用

在供热计量及节能改造中大力推广应用新型节能技术、材料、产品，带动相关产业发展。各省（区、市）要在充分论证的基础上，于2011年2月底前选择上报拟在改造中使用的新型节能技术、材料、产品。住房城乡建设部和财政部将结合各省推荐情况，在全国范围选择确定新型节能建材产品技术目录。各地应从目录中选用相关技术、材料及产品应用于节能改造工程。住房城乡建设部和财政部将根据产品质量、施工质量、节能效果等因素，对目录进行动态调整，择优扶持相关企业。

六、切实加强组织实施

各地要高度重视供热计量及节能改造工作，接此通知后迅速开展方案制定、市县申报等工作，确保按时上报相关材料。要加强组织领导，建立住房城乡建设、财政、物价、供热、房产等主管部门参加的议事协调机制，统一研究部署改造工作中的重大问题。要注重发挥政策和资金整体效益，尤其要将供热计量及节能改造与保障性住房建设、棚户区改造、旧城区综合整治、城市市容整治等工作相衔接，统筹推进，加快"节能暖房"工程建设。绿色重点小城镇试点也要积极推进既有居住建筑供热计量及节能改造，中央财政将安排相应的补助资金。要加强对改造工程全过程的质量安全控制，强化对计量器具、保温材料、门窗等材料产品的质量安全管理，确保将建筑节能改造工程建成精品工程与安全工程。

中华人民共和国财政部
中华人民共和国住房和城乡建设部
二〇一一年一月二十一日